漁業国 日本を知ろう
中部の漁業

監修／坂本一男 (おさかな普及センター資料館 館長)　文・写真／渡辺一夫

はじめに

　漁業とは何でしょう。船で海へ出て、大きな網でたくさんの魚をとる漁はもちろん、ホタテガイやマダイなどを育てる養殖も、コンブやワカメなどの海そうをとることも、みんな漁業です。
　このシリーズは、北海道から沖縄まで、地域ごとに漁業の現場を直接取材して、さまざまな漁のしかたや養殖の方法、魚が食卓に届くまでを紹介しています。そして、漁や養殖の現場ではたらいている漁師さんのたくさんの声をのせています。漁業という仕事の喜びややりがい、漁業にかける思い、そして自然を相手にするその苦労などをとおして、漁業の魅力を伝えます。
　巻末には、それぞれの地域でとれる魚についての解説や、地域ごとの漁業のとくちょうがわかるデータものっています。
　この巻では、船員たちがさおをしならせ豪快につる遠洋カツオ一本釣り漁、定置網をつかった春のサバ漁と冬の寒ブリ漁、日没から深夜にかけておこなわれるサクラエビ漁、荒縄で作った網で漁獲するホタルイカ漁などを紹介します。

漁業国・日本を知ろう 中部の漁業

目次

第1章 焼津の遠洋カツオ一本釣り漁

- たくさんの船員がならんでつっています 4
- 焼津漁港ってどんな港？ 6
- 遠洋カツオ一本釣り漁船ってどんな船？ 8
- 出漁前の船の点検 10
- インタビュー 漁は命がけ 11
- 漁に使う生きイワシを買う 12
- イワシを生かしたままカツオの群れをさがす 14
- 豪快なカツオ一本釣り 16
- 1航海で400トンのカツオをつる 18
- インタビュー きついけれどやりがいのある仕事 19
- セリのあと加工場へはこばれる 20
- カツオが食卓にとどくまで 22

第2章 中部のいろいろな漁業

- 氷見の定置網漁、サバ漁と寒ブリ漁 24
- インタビュー キトキトな氷見の寒ブリ 31
- 由比のサクラエビ漁 32
- インタビュー 3cm以下のサクラエビはとらない 35
- 滑川のホタルイカ漁 38
- インタビュー 滑川のホタルイカ漁は環境にやさしい漁 41

- 中部の漁業地図 44
- 解説・中部の魚を知ろう 46

氷見（富山県）(P24)
滑川（富山県）(P38)
由比（静岡県）(P32)
焼津（静岡県）(P4)

第1章 焼津の遠洋カツ
たくさんの船員がなら

　ここは、日本から2000km以上もはなれた太平洋の海の上。全長50cm以上のまるまるふとったカツオが、つぎつぎと豪快につりあげられています。静岡県の焼津漁港から出港した、遠洋カツオ一本釣り漁船の漁のようすです。

　船員たちは、船倉がいっぱいになるまで、毎日漁をしつづけます。およそ2か月間、日本から遠くはなれた海の上ですごします。

△出港の日には、遠く太平洋の海に出漁する船員の家族が見送る。

◁長いさおをあやつるカツオの一本釣り漁。

オー本釣り漁
んでつっています

カツオの一本釣りでは船員たちがならんでつる。

つりあげたカツオは、甲板のシートの上に落とす。

5

焼津漁港ってどんな港？

　静岡県の焼津漁港の歴史は古く、江戸時代にはすでに日本から遠くはなれた海洋で漁をする、遠洋カツオ漁業の船が出ていました。現在も、日本有数のカツオやマグロの遠洋漁業の基地として知られています。

　焼津漁港は大型漁船の水揚げが効率よくできる漁港です。カツオやマグロの水揚げ量（港にあげられる量）で、全国1位となっています。しかも、カツオやマグロの遠洋漁業の船だけでなく、サバやアジ、イワシなどの海岸近くで漁をする沿岸漁業、近海で漁をおこなう沖合漁業の船からの水揚げもあります。焼津漁港の2013年の総水揚げ量は16万8000トンで全国2位をほこります（1位は銚子漁港）。

　このようにたくさんの魚が水揚げされるのは、焼津漁港が大量に魚を消費する東京や名古屋などの大都市と東名高速道路によってつながっているためです。しかも、漁港の近くには、冷蔵施設や加工場が多いので、たくさんの魚を受けいれることができるのです。

△新港地区の岸壁に横づけされた遠洋カツオ一本釣り漁船と、水揚げ場となる市場の建物。

△水揚げされたカツオは、船からベルトコンベアで市場内へとはこばれる。

第1章　焼津の遠洋カツオ一本釣り漁

● 焼津漁港と周辺図

外港地区
新港地区
小川地区
造船場のドック

静岡市
焼津市
焼津漁港
伊豆半島
駿河湾

空からながめた焼津漁港。カツオやマグロの水揚げがおこなわれる外港地区と新港地区と、サバ、アジ、イワシなどの水揚げがおこなわれる小川地区がある。

▲ 焼津漁港には、大型漁船を建造し、修理する造船場（ドック）がある。遠洋のカツオ一本釣り漁船は、毎年1回、ここで船体の修繕をおこなう。

▲ 遠洋カツオ一本釣り漁船のスクリューと舵。船主の藪田晃彰（身長178cm）さんと比べると大きさがわかる。

7

遠洋カツオ一本釣り漁船って

焼津漁港の新港の岸壁につながれた第21日光丸。総トン数499トン、全長65m、2000馬力、平成8年に造られた船だ。

　焼津漁港から出漁する遠洋カツオ一本釣りの漁船「第21日光丸」は、499トンの大型漁船です。給油や水の補給がなくても2か月間以上漁を続けることができます。

　遠洋カツオ一本釣りの漁船は、漁撈長や船長を入れて、乗組員は25～30名。漁撈長は、漁のすべてを仕切る人で、漁場の決定から水揚げの指示まですべての指揮をとります。船長は、船の運航すべての責任者です。

　遠洋漁業の船員は、さまざまな資格をもった人が多く乗りこみます。船の操縦や航路図をつくる海技士、船長を助けて船の運航をうけもつ航海士、船のエンジンを動かす機関士など、どれも国家資格を取得する必要があります。

　カツオの一本釣り漁とは、漁師がそれぞれ長いさおをあやつり、カツオを1尾ずつつりあげる独とくの漁です。一本釣りの漁をする甲板員には国家資格は必要ありませんが、漁師として1人前になるには、少なくとも2～3年はかかるといいます。

　では、遠洋カツオ一本釣り漁船はどのような船か、出漁前の第21日光丸をたずね、船の内部を見てみましょう。

▲船長の船室。現在位置を知るモニターやノートパソコンがそなえられている。

▲乗組員の部屋は4人部屋で、2段ベッドがならんでいる。

▲朝食のみそ汁をつくっているインドネシア人の料理長。

どんな船？

4月1日、出漁を前にした、第21日光丸の全乗組員。日本人だけでなく、インドネシアやキリバス共和国の船員も加わっている。

△出発の前日、操舵室の魚群探知機、GPS、レーダー、ソナーなど、入念な点検をする。

△集中監視室の計器。機関士はこれで船のエンジンなどの操作をする。

△遠洋カツオ漁船でもっとも重要な冷凍装置の監視盤と電源のスイッチ。

△機関室。ディーゼルで2000馬力の巨大なエンジンだ。出発前は、船内の電源の充電器に充電するためにエンジンを動かす。エンジン音は、人の話し声が聞きとれないほどの轟音だ。

出漁前の船の点検

▲出漁前の甲板では、ベルトコンベアや船倉の点検がおこなわれている。

●点検と燃料補給

出漁前、第21日光丸では、エンジンの点検だけでなく、冷凍装置、冷却水ポンプ、船倉、ベルトコンベアなど、カツオを積んで持ちかえるための設備の点検がていねいにおこなわれます。冷凍装置をはじめ、これらの設備が故障してしまうと、せっかくつったカツオを持ちかえれなくなるからです。

遠洋カツオ一本釣り漁船が漁に出るとき、いちばんかかる費用は燃料費です。燃料費は漁にかかる費用全体の30%をしめるほどです。さらに燃料の重油が年ごとに値上がりしており、これ以上高くなると、漁を見合わせる船が多くなるのではないかと心配されています。

▲出航前に給油をする。

▲その年の最初の漁の前には、航海安全・大漁を祈願して神主のお祓いをうける。

10

▲出港だ。岸壁と船をつなぎとめていた綱をはずす。家族が見送っている。

▲見送りの人々に手をふる乗組員。カツオが船倉にいっぱいになるまで、港に帰ってこれない。

●出港したら50日間は海の上

いったん漁に出ると、カツオが船倉にいっぱいになるまで港に帰れません。ひと航海は、平均して50日ほどです。よい漁場にめぐまれれば漁にかかる日数は20日ほどですが、カツオの群れに出会えないときには2か月も群れをもとめて海をさまようこともあります。

遠洋カツオ一本釣り漁船は、どの船も300～400トン分のカツオをつりあげます。これほどのたくさんのカツオを、20数人の甲板員が、それぞれ1本のさおだけでつりあげなければなりません。

港にもどって水揚げを終えたら、中1日の休養をとって、次の漁に出る準備をしてまたすぐに漁に出ます。遠洋漁業の船員は、船がドックに入っている約1か月間をのぞいて、年間で300日間以上も海の上で過ごすことになります。

漁は命がけ

第21日光丸漁撈長　**今井泰彦さん**

漁はカツオとの命がけの真剣勝負です。港を出たら、全員私の指示にしたがってもらいます。

船を操縦する船長は私の弟です。私が船をどのように動かしたいかすぐにわかるので、カツオの群れにすばやく近づけます。

一本釣り漁の現場は、つねに緊張感にみちています。油断したら大きなカツオに引きこまれて海におちてしまいます。そのようなことがないように、現場では、甲板員をきびしく注意することもあります。この船の甲板員や機関員には、インドネシア人やキリバス人が多くいますが、私が何をいいたいのかすぐに分かってくれます。みんなの息が合ったときには、大漁のことが多いのです。

遠洋カツオ一本釣り漁は、チームワークがものをいう漁だと思います。

漁のさいちゅうはきびしいけれど、船をおりたら、みんなでなかよく食事をしたりします。

第21日光丸の最高責任者である漁撈長の今井泰彦さん(左)と、弟で航海の責任者である船長の今井敏之さん。

漁に使う生きイワシを買う

△出港のあくる日の明け方、神奈川県三浦半島の金田湾についた第21日光丸。生きイワシを積む作業をする漁師の船が近づく。

●生きイワシをさがす職員がいる

焼津漁港を出た第21日光丸がはじめにおこなう大事な仕事は、漁場にむかう前にエサにする生きイワシを手に入れることです。

活きのよいイワシを手に入れられるかが、カツオ漁の大漁不漁を左右します。そのため、遠洋カツオ一本釣り漁の船をもつ会社では、そのときどこで活きのよいイワシが手に入るかを調べる専門の職員がいます。それほど、エサのイワシは重要なのです。

今日は、神奈川県の三浦半島で、活きのよいイワシが手に入るという情報が入りました。焼津漁港を出た第21日光丸は、イワシのイケスがある三浦半島の金田湾にまっすぐにむかいました。

△はしけ（荷物をはこぶ船）が、生きイワシがたくさん入ったイケスを引いてきた。

△イケスの網をたぐりよせ、イワシをカツオ漁船に移す準備。

第1章 焼津の遠洋カツオ一本釣り漁

▲網がせばまり、イワシの姿が見えてきた。

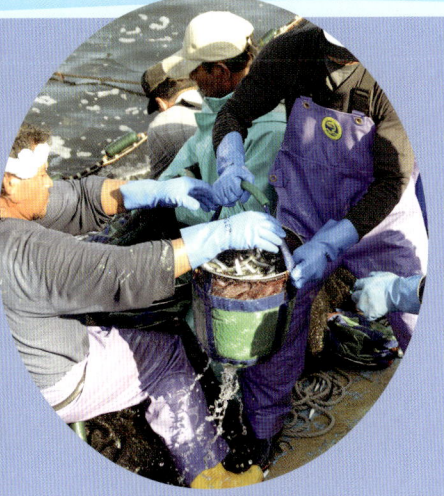

▲イケスからすくいあげた生きイワシが
いっぱいにつまったバケツ。

●イケスの生きイワシを船にはこび入れる

　出港のあくる日の早朝、第21日光丸は金田湾に到着。そこに、小船のはしけが、イワシの入ったイケスごと引いてきました。

　イケスを船のわきによせ、イワシをバケツですくいとりやすいように網をせばめます。それから、船の水そうに生きイワシを入れるバケツリレーの作業がはじまります。

　バケツ1杯6.5kg。これを生きたまま1300杯も水そうに積みこみます。この日はおよそ8.5トンのイワシを買いました。

　今回の漁場は、太平洋のグアム島東方の海です。生きイワシをたくさん積みこんで、第21日光丸は金田湾を出ていきました。

▲漁がはじまったときに使う、まきえを入れておく水そうにもイワシを入れる。

▼イワシを傷つけないようにていねいに水そうに入れる。

13

# イワシを生かしたままカツオの

●漁場につくまでエサのイワシを生かす

今回の漁場である太平洋のグアム島周辺は、焼津漁港を出てから、7～10日間ほどかかります。ここでカツオの群れが見つからなければ、さらに、赤道をこえてフィジー諸島付近にまででかけます。

漁場につくまでの間、大切な仕事があります。それはまきえのイワシを生かしておくことです。弱っていたり、死んでいるイワシには、カツオは食いつきません。乗組員は水そうの水温を16℃くらいにたもち、酸素を送りこみ、毎日エサをあげ、イワシを元気よく生かしておきます。

「漁場につくまでは、まるで水族館の仕事ですよ」と、第21日光丸の船主の藪田晃彰さんが話してくれました。

△航海中、弱ったイワシや、死んだイワシを網ですくってとりのぞく。8.5トン買った生きイワシも、漁場につくころには1トン近くは死んでしまう。

●遠洋カツオ一本釣りの漁場

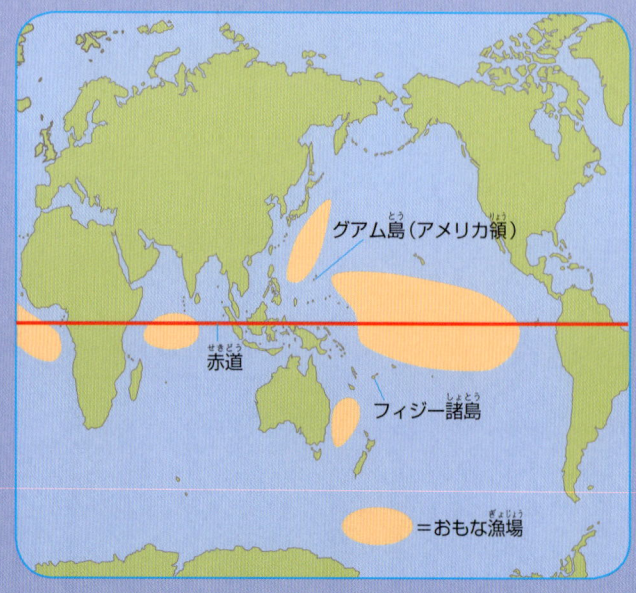

△グアム島周辺の漁場に船を進める。このように海がおだやかな日はめずらしい。

第1章　焼津の遠洋カツオ一本釣り漁

群れをさがす

《カツオ》

● 漁場ではカツオの群れのナブラをさがす

　漁場に近づいたら、魚群探知機でカツオの群れをさがすとともに、水面近くを舞う海鳥をさがします。その下には小魚を追うカツオの群れが海面にさざ波をたてる「ナブラ」があるからです。サメやクジラの近くにもカツオの群れがいるので、これも見のがせません。
　群れを見つけたら、船は全速力で近づきます。

スズキ目サバ科の大型魚。世界の暖かい海に分布。体形は紡錘形。漁獲されるのは、全長50cmほどのものが多い。日本では太平洋側に多く、春から夏にかけて北上、秋に南下する。

▲漁がはじまったら、釣りに集中するために、漁場につくまではさおや疑似エサの点検もかかせない。

▲カツオ一本釣り用の大きな疑似ばり。

▶荒波のなか、カツオの群れをさがす甲板員。群れをさがすには、魚群探知機だけでなく、熟練した人間の目が必要だ。

15

豪快なカツオ一本釣り

❶ 大きくさおがしなる。かかったぞ！

❷ これを一気に引きあげる。糸をゆるめない。

　群れを見つけたら、船は全速力で近づき、船の進行方向の左側のへりにならんで取りつけられた散水ポンプから、群れにむかって勢いよく水をまきます。海面に水をまくのは、それにより、イワシが追われて水面を逃げまわっているとカツオに思わせるためです。同時に、まきえの生きたイワシをまきます。興奮したカツオは、エサをもとめて水面近くまであがってきます。すかさず、船員たちはさおをおろし、疑似ばりを入れます。カツオは、疑似ばりにも食いついてきます。
　針にかかったら、いっきにさおを引きあげ魚をはねあげるようにして、空中で針をはずし、そのまま甲板におとします。豪快ですが、漁師の熟練した技と力がものをいいます。この一本釣りのこつをおぼえるには、最低でも２～３年はかかるといわれます。

16

第1章 焼津の遠洋カツオ一本釣り漁

❸ 疑似ばりをくわえたカツオ。興奮したカツオの体には、この瞬間、横じまの模様が浮かびあがる。この間もまきえは、まき続ける。

❹ このあと、はねあげた瞬間に糸がゆるみ、カツオが針からはずれる。

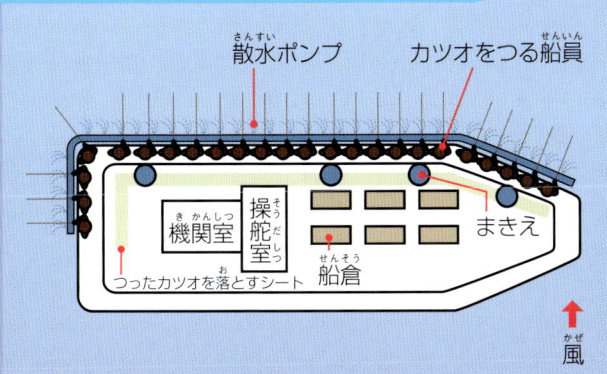

カツオ一本釣り漁　船と漁師の配置

漁は、漁師が船の左側のへりにならんでおこなう。群れの大きさによって、15分間から1時間もつれつづけるので、漁師は熟練した技術にくわえて体力も必要だ。

❺ 針からはずれたカツオは、甲板のシートの上に落ちる。

17

1航海で400トンのカツオ

まず、セリの見本用のカツオを水揚げする。ベルトコンベアが動きだす。

●つったカツオは−50℃で冷凍保管する

つりあげられたカツオは、1尾ずつその場ですぐに船倉に送りこまれ、生きたまま−20℃で瞬間凍結されます。芯まで冷えたら−50℃の船倉で保管し、港にもちかえります。このように完全に冷凍されたカツオは、解凍して刺身やたたきにしても、生のカツオとまったく変わらず新鮮なまま食べられます。

カツオ一本釣り漁では、1航海で400トンほどのカツオをつります。船倉がカツオでいっぱいになり、まきえ用の生きイワシがなくなったら、漁を終えて港に急いで帰ります。

漁撈長は船主や漁港の事務所に、港に帰る日と、漁獲量を報告します。港では、水揚げ予定の船の名と漁獲量を黒板にしるし、セリに参加する仲買人にしらせます。

▲セリの値を考えるための見本のカツオがおかれる。決められた青い帽子をかぶった仲買人があつまってきて品定めする。

▲セリがはじまる。セリ人の声に、青い帽子をかぶった仲買人が声をあげる。いちばん高値をいった人が、その品を買うことができる。

▲セリ台の黒板には、今日水揚げする船とその漁獲量がしるされている。そして、セリで決まった買い手の名もしるされる。

をつる

セリがはじまると同時に、水揚げ作業が開始。－50℃の船倉から冷凍されたカツオがベルトコンベアにのせられる。

🔴 セリでいちばん高値をつけた人が買える

港に帰ると、セリがまっています。まずセリの見本用のカツオを港のベルトコンベアにのせて水揚げします。この見本を見て、仲買人は、カツオがとれた場所、大きさ、肉づき、脂ののりなどを調べて買い値を考えるのです。いくつかの見本を見ただけで、数十トンもの魚の買いつけをするのですから、品質を見分けるのには長年の経験がものをいいます。

焼津漁港でのセリは朝7時から、船ごとにおこなわれます。重さごとにセリにかけられます。セリでは、いちばん高い値をつけた人が買うことができます。

水揚げ作業をひとくぎりつけたところでようやく、乗組員たちは甲板で朝食をとることができる。

きついけれど やりがいのある仕事

第21日光丸船員　今井 翼さん

カツオの水揚げは、一本釣りでカツオをつりあげる以上に力がいる仕事です。何日もかけてつった400トンものカツオを、1～2日で水揚げしなければなりません。冷凍用の船倉内は－50℃ですから、夏でも厚い手袋と防寒服を身につけて、水揚げ作業をおこないます。

この仕事は、1年のほとんどを船の上でくらすことになります。でも、あこがれのカツオの一本釣りができるのですから、これほどやりがいがある仕事はありません。機関士の資格をとって、いつかは機関長になりたいです。

遠洋カツオ一本釣り漁船に乗って2年目の今井翼さん。

# セリのあと加工場へはこぶ

▲冷凍庫から取り出されたカツオは、ベルトコンベアで選別場にはこばれる。

▲選別場にはこばれたカツオは大きさごとに分けられる。このあと重さをはかってセリ落とした仲買人に出荷する。

▲大量にセリおとした業者のトラックには、直接ベルトコンベアではこび入れる。

●セリのあと水揚げ

　セリが終わり、買い手が決まると、いよいよ水揚げです。数百トンもの冷凍カツオの水揚げですから、2日間にわたることもあります。
　船倉からはこび出されたカツオは、ベルトコンベアで市場の選別場に送られます。冷凍のカツオがとけださないように、作業は短時間におこなわれます。形がくずれたものを取りのぞき、大小をよりわけます。選別を終えたら、そのままベルトコンベアにのせて大型トラックに送りこみます。このあとすぐに、近くの加工場にはこばれます。

●四つ割りに加工

　加工場にはこばれた凍ったままのカツオは、鮮度をたもつため工場内の−50℃の超低温冷凍庫に移されます。
　このあとは出荷計画にあわせて、冷凍のカツオをとりだし、電動のカッターで頭を切りおとし、ロインとよばれる四つ割りの節にします。そして、皮や骨などは注文に応じて取りのぞきます。
　加工された切り身は、金属探知機で検査したあと、出荷まで−50℃の超低温冷凍庫に保管されます。このように遠洋一本釣りでとれたカ

20

第1章　焼津の遠洋カツオ一本釣り漁

れる

ツオは、鮮度をたもつよう冷凍されているので、解凍して刺し身やたたきにするときにも、新鮮なまま食べられます。
　なおカツオ漁には、一本釣りのほかにカツオを網でかこんでとる、まき網漁もあります。この漁でとれたカツオはおもにカツオ節や、なまり節、缶づめなどの加工品に使われます。

△大量に加工業者の冷凍庫にはこび込まれたカツオ。

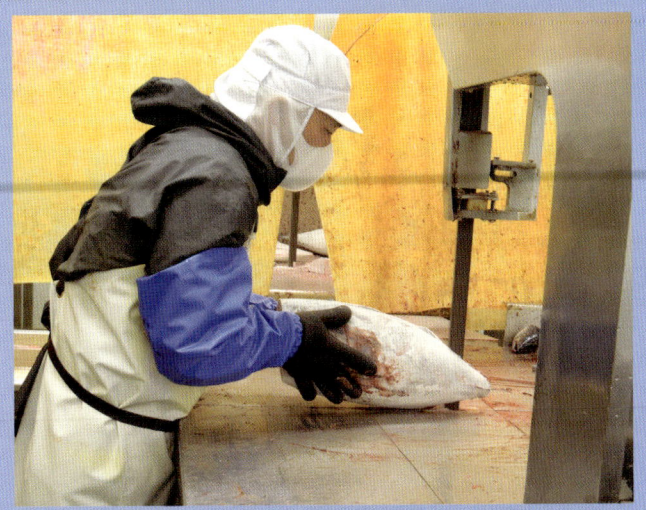
頭を切りおとしたあと、四つ割り加工。電動のカッターで半分に切る。

これをさらに半分に切って四つ割りの節のロインにする。

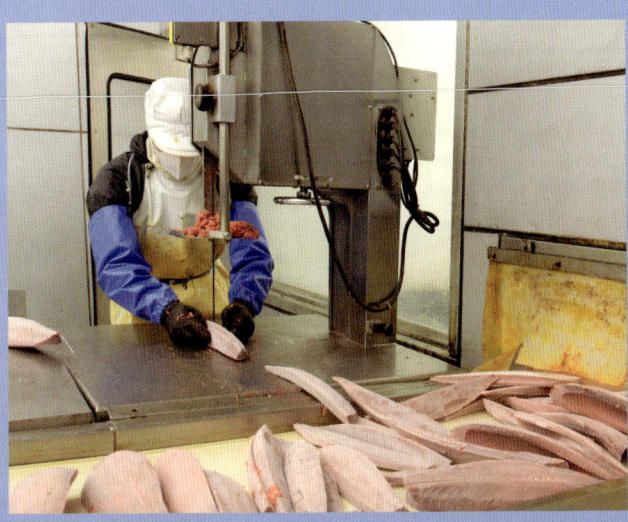
身が解凍されないうちに、ロインの表面をきれいに切りそろえる。

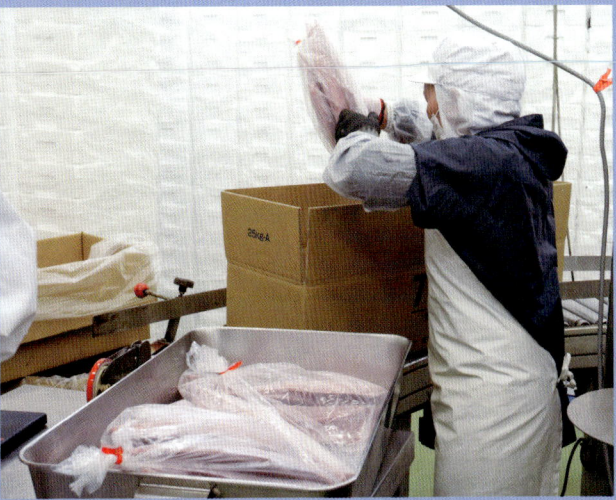
このロインを箱づめして、冷凍車で出荷する。

21

カツオが食卓にとどくまで

　遠洋カツオ一本釣り漁船は、日本から遠くはなれた太平洋付近まででかけて漁をします。船倉にカツオがいっぱいになったら港へ帰ります。

　1回の漁で400トンほどのカツオを積んで焼津漁港にもどると、セリの前に見本のカツオを港のセリをおこなう場所にはこびます。セリが終わり、買い手が決まると、ベルトコンベアを使って水揚げをします。

　その後、大きさなどを選別して、買い手の大型トラックに積みこみ、水産加工場にはこびます。加工場では、さまざまな用途に加工できるよう身を四つに切り分けます。さらに注文に応じて、刺し身やたたきなどに加工し、鮮度をたもちます。このあと、日本各地の市場やスーパーにはこばれ、料理店や家庭の食卓にのぼります。

▲生きエサのイワシを買い入れる。

| 出漁 | → | エサ買い | → | カツオ一本釣り漁 | → |

▲漁場にむかう遠洋カツオ一本釣り漁船。

▲カツオをつりあげる。

第1章 焼津の遠洋カツオ一本釣り漁

▲セリ前の冷凍カツオの見本。

▲選別市場での選別とトラックによる出荷。

▲市場でセリ開始。

▲加工場をへて都会の市場やスーパーマーケットなどへ。

セリ → 水揚げ → 選別・出荷 → 加工場 → 市場・魚屋・個人のもとへ

▲船倉からの水揚げ。

▽カツオのたたき。冷凍したカツオを家庭で解凍するときには、ゆっくり時間をかけておこなうとよい。カツオの表面を水洗いしたら、キッチンペーパーでつつみ、冷蔵庫に2時間ほど入れておけば包丁で切れる状態になり、おいしいカツオのたたきが食べられる。

23

第2章 中部のいろいろな

氷見の定置網漁、サバ漁と

❷網をたぐりよせるのは、2隻の船でそれぞれ10人ほどの漁師。サバが入っている網が、水面にもちあげられる。

❸2隻の船はさらに近より、網をせばめる。サバが網のなかであばれている。

🌐 日本最古の定置網漁

氷見漁港は、能登半島の東側のつけ根、富山湾に面した港です。四季を通じて富山湾でとれる150種類以上の魚が水揚げされます。

氷見漁港に水揚げされる魚の多くは、定置網漁でとったものです。氷見は水深1,000mをこえる富山湾に面していますが、沖合5kmくらいまで水深の浅い大陸棚が続いているので、定置網をしかけるのにうってつけの海です。

富山湾の定置網漁の歴史は古く、今から400年以上も前、氷見ではじめておこなわれたといわれます。それから、改良に改良をかさね現在の「越中式定置網」の仕組みになりました（右図）。氷見の沖合には、この定置網が、大小あわせて45か所ほどしかけられています。

🌐 氷見の漁はおもに定置網漁

越中式定置網には、大型の網と小型の網が使

漁業

寒ブリ漁

① 早朝の4時過ぎ、定置網の網あげがはじまった。2隻の船が、網をたぐりよせていく。

④ サバをタモ網ですくいとったら、船倉にクレーンを使ってはこび入れる。網をおこし、魚を船倉に入れるまで、30分～1時間ほどかかる。

氷見の越中式定置網のしくみ

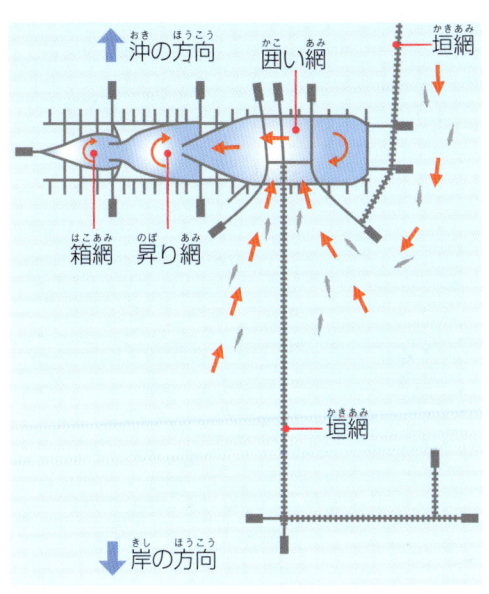

越中式定置網は、「垣網」にそって魚を「囲い網」にみちびく。ここが魚のたまり場となる。つぎに、「昇り網」に入ると、魚はかんたんに網の外に出られなくなる。さらに「箱網」にまで入ると、魚は外には出られない。漁では、この網の部分をあげて魚をとる。

われます。大型定置網は、氷見沖2～4km、水深40～85mのところにはられています。

定置網がしかけられている漁場までは、岸から20～30分ほど。夏には、富山湾を回遊しているクロマグロをとります。初雪がふるころは寒ブリの定置網漁がまっさかりで、春～夏にかけて日本海を北上したブリが、秋～冬に南下するときをねらって定置網で漁をするのです。

産卵前の脂がのった冬のブリは、「寒ブリ」とよばれいちばんおいしいといわれます。

小型定置網は、氷見の岸より1～2kmほど、水深10～27mにはられています。1年をとおしておこなわれていて、春にはイワシのなかま、サバ、サワラ、アジ、マダイなどをとります。そして、夏にはトビウオ、タチウオ、秋にはカマスやソウダガツオ、冬にはブリのほか、カワハギやタラなどがとれます。

🔵朝いちばん、氷見漁港にもどってきた定置網の漁船。この港には、おこぼれにあずかろうと、サギのなかまがやってくる。

🔵定置網漁のサバの水揚げ

春になるとサバの定置網漁がさかんになります。早朝、定置網でとれたサバが船倉にいっぱいになると、船は漁場から30分ほどの氷見漁港へすぐにもどります。

魚の鮮度をたもつために、水揚げの作業は短時間でおこなわれます。船倉からタモ網とよばれる大きな網でサバをすくい、これを大小を仕分ける選別台にのせます。選別台では、魚の大小だけでなく、種類ごとによりわけて大きなかごに入れます。このあと、重さをはかり、その日の水揚げ量を記録します。サバにかぎらず、アジやイワシなど、たくさんとれる魚の水揚げもこれと同じようにおこなわれます。

🔵船倉のふたをあげると、定置網でとったサバがいっぱい入っている。

26

第2章 中部のいろいろな漁業

《サバ類》

サバ科の魚で、世界中の寒帯から亜熱帯の海に生息。日本近海ではマサバとゴマサバがとれる。2種類ともに食用として重要。マサバは細長い紡錘形をしていて、5年で全長40〜50cmほどの大きさになる。

▲タモ網で船倉のサバをすくいとって、水揚げがはじまる。

▲大きさごとにえりわける作業が手早くおこなわれる。

▲氷水が入った大きな箱にはこび入れる。このあとセリにかけられる。

27

△網をたぐり続けると、ブリの姿が見えてきた。

冬の定置網の王者は寒ブリ

氷見では冬になるとブリの定置網漁がさかんになります。ブリは群れをつくって日本海を春から夏にかけて北上し、秋から冬にかけて南下する回遊魚です。11～12月にかけて、日本海に「ブリ起こし」とよばれる地響きのような雷とともに、強風が吹き荒れる大シケがくると、冬の定置網の主役、寒ブリ漁がはじまります。

「沖じめ」がブリの鮮度を決める

湾のなかとはいえ、冬の富山湾は、冷たい北風が吹きすさびます。ブリの定置網漁は夜明け前の氷点下の海の上ではじまります。2隻の船で網をあげ、網をせばめます。2隻の船の間がせばまったところで、網のなかにたくさんのブリが逃げまどっている姿が見られます。これをタモ網ですくい、大量の氷水が入った船倉にす

△タモ網でブリをすくい、船にあげる。

第2章 中部のいろいろな漁業

《ブリ》

アジ科の大型魚。全長150cmほどまで成長する。琉球列島をのぞく日本各地と朝鮮半島に分布。大きさによってよび名がかわるので出世魚といわれる。1m以上のブリになるまで、関東地方では、ワカシ→イナダ→ワラサ→ブリと成長とともによび名がかわる。氷見をはじめ富山県では、フクラギ→ニマイズル→ブリなどとよび名がかわる。

ぐに送りこみます。この手順はサバやイワシの定置網漁と同じですが、魚体の大きなブリ漁だとはるかに迫力があります。

船倉にはこばれたブリは、氷水で冷やされ仮死状態になります。これは、「沖じめ」とよばれる、魚の鮮度をたもつための方法です。すべてのブリを船倉にはこび入れたら、すぐに港にもどります。

△ 港でのブリの水揚げは、1尾1尾ていねいにおこなわれる。ブリの新鮮さをたもつため、大きな水そうには氷水が入れられている。

❶ 水そうに入れられたブリは、市場内にはこばれ、セリ用のシートの上に置かれる。

❷ 1尾ずつ重さをはかる。このブリは11.3kgある。

❸ それぞれのブリの上に、重さを記した紙をはってならべる。

❹ セリは1尾ずつおこなわれる。

●「ひみ寒ぶり」宣言

氷見漁港の市場の冬の主役は、寒ブリです。富山湾のどの定置網にも最高品質の6kg以上のブリがかかるようになると、氷見漁業協同組合は脂がのっておいしいといわれる氷見特産のブリを認定する「ひみ寒ぶり」宣言をおこないます。そして、「ひみ寒ぶり」であることの販売証明書をつけて出荷します。

2月ごろまでたくさんの「ひみ寒ぶり」がならび、市場はさらに活気づきます。6kg以下のブリは「ひみ寒ぶり」の名こそつきませんが、価格が手頃でおいしいということで、各地の魚屋さんやスーパーなどに送られます。

生後1年、1kgほどの大きさのブリの若魚（ハマチ）は、氷見ではフクラギといいます。フクラギは漢字で「福来魚」と書き、福がくる魚として富山県内ではとても親しまれている魚です。

第2章 中部のいろいろな漁業

❺セリおとされた14.1kgの寒ブリ。11月末の本格的な「ひみ寒ぶり」宣言がおこなわれるころには、頭の部分が小さく見えるほど体が太くなるという。

●色とりどりの魚がならぶ市場

氷見漁港では、水揚げされる魚はサバや寒ブリだけではありません。たとえば4月の初めは、サバをはじめアジ、サワラ、クロマグロ、カレイ、カサゴ、メバル、イカ、クロダイ、カガミダイ、イシダイ、マダラ、フグ、シロギス、カンパチなど数えきれないほどたくさんの魚が氷見漁港の市場にならび、その種類の多さにおどろかされます。

氷見漁港の魚市場にならべられるほとんどの魚は、目の前の富山湾でとれたものばかりです。

INTERVIEW キトキトな氷見の寒ブリ

氷見漁業協同組合参事　廣瀬達之さん

氷見漁港の市場を見回る廣瀬達之さん。

富山の方言で活きがよいことを「キトキト」といいます。氷見の寒ブリは、まさにキトキトという言葉がぴったりです。目の前の富山湾でとれたブリが、わずか一時間後には漁港の市場にならんでいるのですから。

しかも、産卵前の寒ブリは脂がよくのってとてもおいしいです。

氷見は寒ブリで知られていますが、じつは、県別に見るとブリの漁獲量はそれほど多くありません。しかしおいしさには定評があり、氷見漁業協同組合では、氷見漁港で水揚げされたブリのうち6kgをこえるものを、「ひみ寒ぶり」というブランド名で、日本一おいしいブリとしてえりすぐって出荷しています。

富山では、ブリはお正月の食べ物で、特別な魚です。だからこそ、おいしい寒ブリだけをえらんで日本各地に出荷しているのです。

31

由比のサクラエビ漁

夕方の6時30分、夕日が沈むと、サクラエビ漁の漁船は由比漁港をいっせいに出る。

🔵 駿河湾だけのサクラエビ漁

　静岡県側の富士山のふもとにある静岡市の由比港は、サクラエビが水揚げされる数少ない漁港のひとつです。県の許可を得てサクラエビ漁ができるのは、日本では駿河湾に面した由比・蒲原・大井川の漁港から出る船だけなのです。

　サクラエビの漁期は年に2回、春は3月下旬～6月のはじめごろ、秋は10月下旬～12月ごろまでです。

　漁場は、春にはサクラエビの群れがいる駿河湾の奥の由比や蒲原付近の海で、秋になると南に移動する群れとともに焼津や大井川付近で漁

▲夕日が沈み、あたりが暗くなりはじめると、漁船はいっせいに明かりをともす。それぞれが、サクラエビの群れをさがす。

▲海上が真っ暗になった。サクラエビの群れの発見の知らせが入ると網入れだ。網船（左）が網入れをし、もう一方の船も網の綱をうけとり、150mほどはなれて2隻で網を引きはじめる。

《サクラエビ》

サクラエビ科の体長4cmのエビ。殻が赤色の色素をふくみピンク色に見えるので「桜海老」という名がつけられている。日中は水深200〜300mにいるが、日没とともに水深20〜50mほどまであがってきて、プランクトンなどを食べる。ふ化してから1年で成熟する。寿命はおよそ15か月。駿河湾だけでなく相模湾や東京湾の入り口付近に分布、さらに台湾沖でも見られる。なお、日本でサクラエビ漁が許可されているのは駿河湾だけ。

をします。これ以外の時期は、サクラエビ保護のために漁を休みます。

●日没をまって出漁

サクラエビは、日没とともに深い海のなかから海面近くの20m付近にまで浮きあがってきます。サクラエビ漁は、この群れが海面にあがってきたところをとるので、日没から深夜にかけておこなわれるのです。

漁は、船びき網漁とよばれる方式で、6.6トンの船が2隻1組になって網を引きます。日没とともに由比・蒲原・大井川の漁港から、60組120隻の船が漁場へいっせいにむかいます。すべての船には魚群探知機がそなえられていて、漁場でサクラエビの群れをさがします。群れが見つかったら、網を積んでいる船（網船）が網を入れ、網の一方を組になっている船にわたして、2隻で網を引きはじめます。

△長い時間、網を引きすぎると、サクラエビに傷がつくため、15分ほど引いたら、2隻はふたたび近づいて網をあげる。

△サクラエビがいっぱいにつまった網のふくろが見えたら、サクラエビを船にあげる。大量に入っているときには、ポンプのホースを網に入れて、用意したカゴにサクラエビを送る。

▲つぎの網入れ場所への移動の合間に、サクラエビのなかにまぎれこんでいる他の魚を取りだす。

▲選別をおえたサクラエビ。

●サクラエビは共同の漁獲物

　サクラエビ漁は、網あげのあと、船上での選別作業に大変手がかかります。網からかごに入れて、サクラエビ以外の小魚やゴミなどをとりのぞかなければなりません。

　選別作業を終えると、1隻の漁船にいくつもの漁船があつまってきて、サクラエビが入ったかごを移しかえます。そしてこれをすぐに漁港にはこびます。船によってサクラエビの漁獲量の差はありますが、それはまったく考えずに、出漁したすべての船の共同の漁獲物としてあつかっているのです。なぜなのでしょう？

●漁の収入は平等にわける

　じつは、サクラエビ漁をおこなっている由比・蒲原・大井川の漁業者は、60組120隻みんなでとったサクラエビの収入を漁師1人ひとりに平等に分配する制度（プール制）をとっているのです。

　1人ひとりがきそってサクラエビをとれば、高収入につながるかもしれませんが、とりすぎてサクラエビが極端にへってしまうことにもなりかねません。

　年によって漁獲量の差はありますが、それでも安定したサクラエビ漁がつづけられるのは、このようなプール制をはじめとしたきまりをもうけているおかげなのです。

▼運搬船にサクラエビをとった船があつまってくる。サクラエビが入ったカゴをひとつの船にあつめる。

第2章 中部のいろいろな漁業

▲夜の10時過ぎに港に帰って水揚げ作業。チームワークであっという間に作業が終わる。

▲カゴのサクラエビを、セリにかけるため、1箱15kgの重量にする。

▲巨大な冷蔵室にはこぶ。翌朝5時45分のセリにかけるまで、-5℃で保管する。セリのときには、冷蔵室のシャッターはすべてあげられる。

INTERVIEW 3cm以下のサクラエビはとらない

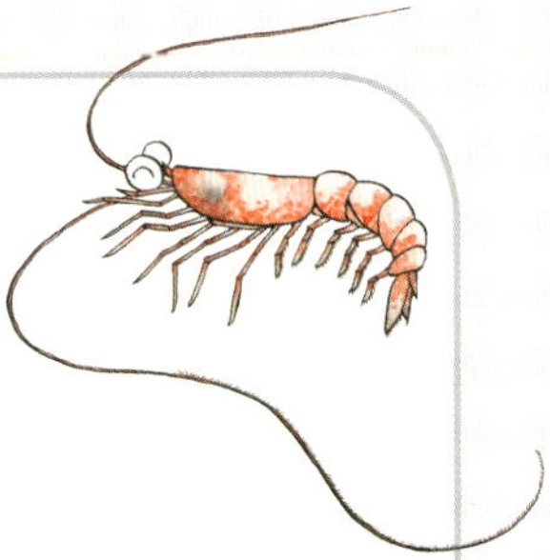

大福丸船主 望月俊成さん

　サクラエビ漁で大切なことは、その資源を保護していくことです。とれなくなったら、私たちの生活がなりたたなくなります。

　資源保護のために漁期をもうけるほかにも、漁で3cm以下のものしかあがらないときには、漁をやめます。3cm以上に育ったらあらためて出漁します。それに大きく育ったもののほうが味もよいのですよ。

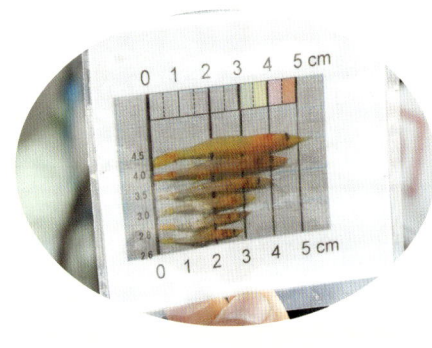

サクラエビの採集スケール。3cm以下のサクラエビがかかるときには、漁をしない。

大福丸船主で船頭の望月俊成さん。

船頭望月俊成さんの長男、宥佑さんが漁を手伝う。子どものころから、父親の船に乗って漁をしたかったという。

35

▲かごごとに入札される。落札されると、その場で入札者のカードがサクラエビのカゴの上に置かれる。

▼落札したらすぐにトラックに乗せ、加工場にはこぶ。このうち、80％以上が干しえびにされる。

朝、セリ落とされたサクラエビは、富士川の加工場の干場にはこばれ、すぐに素干しされる。後ずさりしながらまくので、とても疲れる仕事だという。

●入札と落札

　ひと晩、冷蔵室に保管していたサクラエビのカゴは、翌朝そのままセリができるようにセリ場にならべます。セリに参加できる人は、由比漁業協同組合とあらかじめ契約した魚屋や加工業者で、仲買人とよばれます。仲買人たちは、それぞれサクラエビを手にとり、形や色をたしかめます。

　セリは、ならべられたカゴごとにおこなわれます。漁業組合の担当者が、セリにかけるサクラエビのかごの前で、小さな投票箱をもって仲買人に声をかけます。その箱のなかに、仲買人は自分の名前をしるした紙に買いたい価格を書いて入れます。このなかで、いちばん高値をつけた人が、そのサクラエビを買いとることができます。この仕組みは、入札とよばれます。

　漁業協同組合の担当者が、買いとり決定者の名を大声でさけびます。この入札でセリ落とし、買うことを落札といいます。落札できた仲買人は、サクラエビの入ったカゴを急いで車にはこびこみます。

●干場にはこんで素干しに

　セリで落札されたサクラエビは、そのまま生で食べたり、釜揚げにしたりしますが、多くは天日で干す「素干し」にします。

　由比漁港の近くには、富士川の河口があり、そこには広い川原がひろがっています。サクラエビは、市場からわずか20分ほどで、素干しのためにこの川原にはこばれます。川原の砂利

36

第2章　中部のいろいろな漁業

は、日光で暖められているので、サクラエビは4、5時間でかわきます。
　サクラエビ漁の季節になると、川原の砂利の上にひろげられたサクラエビのピンク色で彩られます。これは、静岡県の春の風物詩のひとつとなっています。

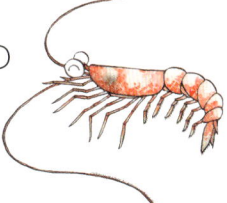

△干す直前の生の状態。

△天気がよければ、4時間後には、適度に水分を残した干しえびとなっている。

▷この日は風が強く、干しえびの取り込み作業は数人がかりでおこなう。このあと、加工場でまじっていた小魚やゴミなどをとりのぞいて製品となり、各地の食料品店などにはこばれる。

37

滑川のホタルイカ漁

ホタルイカ漁の出港は、夜明け前の午前3時。4月のはじめとはいえ、氷点下の寒さだ。どの船も、暖をとるためドラム缶にたき火をたきながら出漁する。

●春を知らせるホタルイカ漁

毎年3月1日、富山湾ではホタルイカ漁が解禁されます。富山県の人びとにとっては、ホタルイカ漁は春のおとずれを知らせてくれる漁です。富山県の滑川漁港では、毎年3月から6月にかけて、手のひらにのるほどの小さなホタルイカの水揚げでにぎわいます。

●ホタルイカの定置網のしくみ

滑川のホタルイカは、漁港から約3kmまでの沿岸、水深25～100mの沖にもうけられた定置網でとります。この定置網は、岸から沖にむけて、荒縄でつくった「垣網」「のぼり網」と、ホタルイカをとる「身網」をあわせた簡単なしくみになっていて（右図）、滑川沖に6～11か

△定置網につくころには、寒さで手がこごえてくる。たき火であたためたバケツのお湯のなかに手袋ごとつっこんで暖をとる。

△定置網は漁港から3kmほど沖合にしかけられている。身網とよばれる網を10人の乗組員全員でたぐりよせる。たくさんの海鳥が、ホタルイカにありつこうと鳴き声をあげながらあつまってくる。

第2章 中部のいろいろな漁業

ものしりノート

《ホタルイカ》

ホタルイカモドキ科に属する200〜400mの深海にすむ胴長7cm、重さ10gほどの小さなイカ。夜は海面近くまで浮上する。富山県では、コイカやマツイカともよばれる。日本海では、朝鮮半島東岸から佐渡島付近にかけて多く生息。富山湾には、3〜6月にかけ産卵するために集団でやってくる。体に約500個のごく小さな発光器をもち、それが青白く発光する。敵をおどろかせたり、自分の影を消して敵から身をまもったり、仲間を見分けるときなどに光を発するといわれる。この光がホタルに似ていることから、ホタルイカの名がつけられている。

▲発光したホタルイカ。（写真提供：滑川市役所）

所ほどもうけられています。
　春から初夏にかけて、富山湾にホタルイカが産卵するため集団でやってきます。産卵は、夜に沿岸で深海から海面にあがってくるときに、おこなわれます。この群れを、数百mから数kmにわたってはった垣網にそって岸から沖にみちびき、身網に送りこむのです。
　垣網やのぼり網は、荒縄をあんでつくった網で、網の目が30cmもあります。小さなホタルイカはこの網の目をたやすくすりぬけそうですが、ホタルイカにはこれが立ちはだかる壁のように見えるため、群れは網の面にそって沖に逃げます。そして、そのまま沖側にしかけられた身網にさそいこまれるしくみになっているのです。

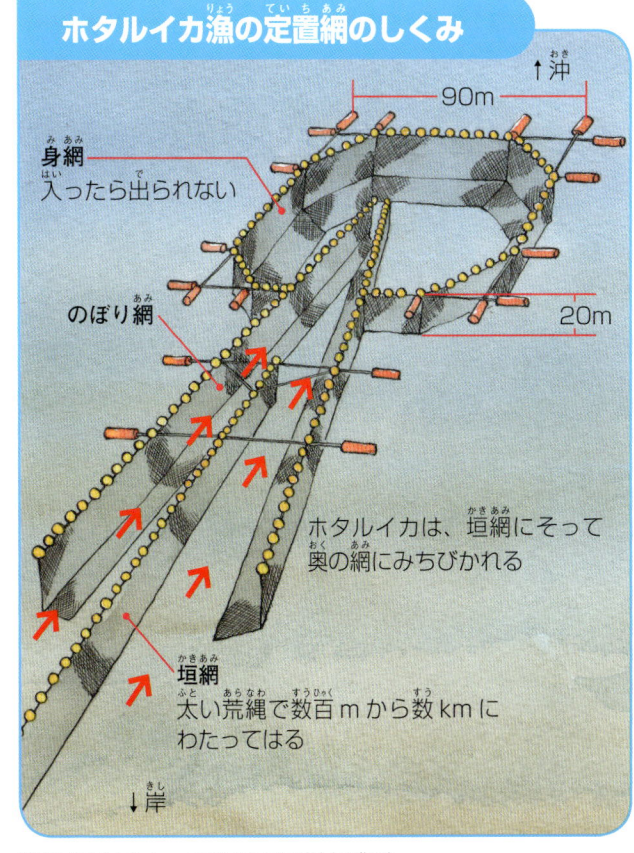

ホタルイカ漁の定置網のしくみ

- 身網：入ったら出られない
- のぼり網
- 垣網：太い荒縄で数百mから数kmにわたってはる

90m、20m、↑沖、↓岸

ホタルイカは、垣網にそって奥の網にみちびかれる

（参考：ほたるいかミュージアムのジオラマをもとに作図）

39

△網がせばまったところで、ホタルイカを大きなタモ網ですくいとる。

🟢富山湾にいる一部だけをとる

　定置網の身網がたぐりよせられて、ホタルイカの姿が見えてくると、青白い小さな光がちらちらといたるところでみられます。じっさいの漁では、明るい電灯がともされているので、光はほんのわずかしか見えません。網がせばまったところで、タモ網を使い、ホタルイカをていねいにすくいとります。

　滑川漁港では、年によって増減がありますが、年平均で約600〜700トンもの水揚げがあります。それでも富山湾にいるホタルイカの20%ほどしか定置網には入りません。

　底びき網で一度に多くの群れをとってしまう漁とちがい、富山県のホタルイカの定置網漁は、「資源にやさしい漁業」や「自然とじょうずに共生した漁業」だといわれます。

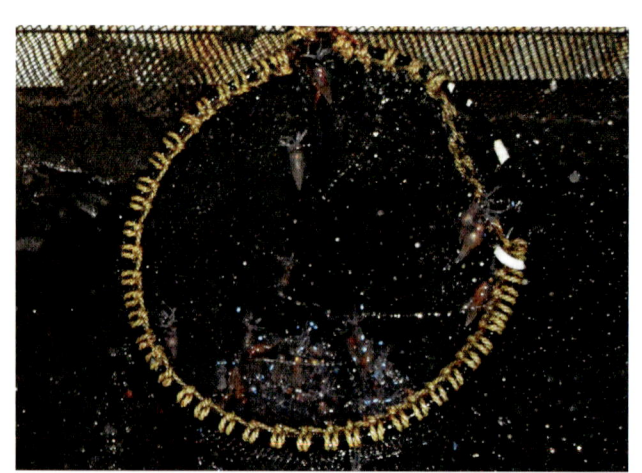

△タモ網でホタルイカをすくいあげると、ホタルイカは発光する。漁船には明るい電灯がついているので、ホタルイカの発光はほんのわずかしか見えない。

△漁船の電気をいったん消してもらうとホタルイカの青白く発する光が、タモ網のなかで光っているのが見えた。

△ホタルイカを選別する船に、別の船からもホタルイカがはこばれる。

△網から船の水そうに移されるとき、ほとんどのホタルイカは死んでしまい、まったく発光しなくなる。船上ではすぐに水そうからホタルイカをとりだし、小魚をとりのぞくなどの選別作業がおこなわれる。

△選別作業を終えたホタルイカは、50kgごとに大きなザルに入れられる。

● ホタルイカがおしよせる海面は天然記念物

産卵の時期にホタルイカの群れがたくさんおしよせる富山湾の海は、「ホタルイカ群遊海面」として国の特別天然記念物になっています。これほどたくさんホタルイカがおしよせる海は、世界的に見ても富山湾だけだからです。

なお、ホタルイカそのものは天然記念物でないので、漁をすることはできます。ホタルイカの群れが産卵にやってくる海でありつづけられるように、その海を大切に保護しようという願いをこめて「海面」が天然記念物に指定されたのです。

INTERVIEW 滑川のホタルイカ漁は環境にやさしい漁

滑川漁業協同組合 組合長　萩原金吉さん

滑川漁業協同組合でおこなっているホタルイカ漁は、「自然とじょうずに共生した漁業」といわれます。じつは、この漁はとても手間がかかるのです。漁で使う荒縄であんだ垣網とのぼり網は、たった4か月しか使えません。毎年作りかえなければならないので、時間も費用もかかります。

そこで、化学繊維の網を使った垣網をしかけたことがあります。化学繊維の網ならば20年はもちます。ところが、この網では思うようにホタルイカがとれなかったのです。荒縄でつくった垣網が、100年もむかしから続けられてきたのにはそれなりにわけがあると思い知らされました。

荒縄でつくった垣網やのぼり網は、その年のホタルイカ漁が終わったら、そのまま海に沈めます。わらはいずれくさって、プランクトンへの栄養となります。そこは小魚たちがあつまる場所にもなります。滑川のホタルイカ漁に使う荒縄は、こんなところでも、自然とともにじょうずに生きる知恵がこめられているのです。

🔺ホタルイカの選別作業を終えると、夜明け前の午前5時前に港にもどり、すぐに水揚げがはじまる。

🟢形のそろったホタルイカが水揚げされる

　ホタルイカを、底びき網でとれば漁獲量はふえます。しかし、滑川漁業協同組合では底びき網漁はおこなっていません。底びき網漁だと小さなホタルイカまでとってしまうことになります。しかも、海底を網で引きずられることで、その多くは傷がつきそこで死んでしまいます。これでは、活きのよさが命のホタルイカの商品としての価値が下がってしまいます。

　滑川漁港に水揚げされる定置網漁でとったホタルイカは、産卵の時期の集団なので大きく、形もそろっています。しかも、船に引きあげられるまで生きているので鮮度がよく、値を決める入札ではとても高い値がつくのです。

🟢水揚げされるとすぐに入札

　水揚げがはじまりホタルイカの入ったザルが港の市場にならべられると、仲買人たちは品定めをします。どのザルのホタルイカの活きがよいかをすばやく見分け、自分のほしい数といくらで買いたいかを入札用紙に記入して組合長に提出します。そして、いちばん高い値をつけた仲買人から優先的に希望するホタルイカを手に入れることができます。

　買い手が決まったホタルイカには、仲買人の

🔺選別されて、ザルに入れられたホタルイカ。ひとつのザルは50kgある。

42

第2章 中部のいろいろな漁業

▲水揚げされたホタルイカのザルが、つぎつぎと港の市場にならべられる。

名が記された札がおかれます。仲買人はこれをトラックに積み、その日の午前中には、新鮮なホタルイカが魚屋さんやスーパーにならぶように出荷します。また、首都圏や関西方面にも多くのホタルイカが送られます。

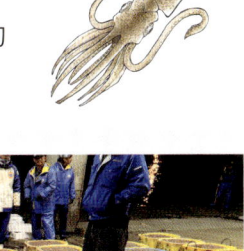

▲いちばんの高値をつけた落札者の札がホタルイカの上に置かれる。

▲たくさんの漁があったときには、船上の選別作業だけでは間にあわず、市場に水揚げされてからも選別作業が続けられる。

▲水揚げを終えた船は、船の甲板などを掃除して、次の漁にそなえる。

43

中部の漁業地図

○日本海側の新潟の漁業

中部地方のいちばん北にあるのが新潟県です。長くゆるやかな海岸が続きますが、沖合には佐渡島と粟島、沿岸の海底には大小の岩礁があります。この付近は対馬暖流が北上する海域で、プランクトンが豊富です。これをエサにするイワシなどの小魚があつまり、それを追うブリやクロマグロなどの大型の魚もあつまる、豊かな漁場が多くあります。その他にもアジ、カレイ、マダラ、スルメイカ、ベニズワイガニなど、さまざまな魚介の漁場となっています。

三面川では秋に、「ウライ」という柵をもうけて、産卵のために川をのぼるサケをとります。

○日本海側の富山・石川・福井の漁業

能登半島の沖合も、対馬暖流が流れる海域で、豊かな漁場です。アジ、サバ、ブリ、スルメイカなどが年間を通してとれます。石川県の漁港では、とくに冬には、ズワイガニの水揚げで活気づきます。

ズワイガニ水揚げ量が県内一の能登半島の輪島漁港。

富山湾では、氷見をはじめ定置網漁がさかんです。年間を通して、イワシ、アジ、クロマグロ、カマス、ブリなどの回遊魚がとれます。とくに、冬に氷見に水揚げされる6kg以上のブリは「ひみ寒ぶり」として高値で取引されています。

福井県の漁業の中心は若狭湾です。サワラ、ブリ、アジなどの定置網漁がさかんです。小浜漁港などでは、越前ガニ（ズワイ

滑川のベニズワイガニのセリ。

■中部地方のおもな漁港と県別漁業生産額

日本海
粟島
三面川
対馬暖流
両津
佐渡島
輪島
能登半島
新潟県 121億円（31位）
石崎
富山湾
能生
氷見
石川県 184億円（23位）
富山県 120億円（32位）
長野県 55億円（平成22年度）*
福井県 76億円（34位）
岐阜県 43億円***
諏訪湖
若狭湾
山梨県 10億5千万円（平成24年養殖）**
小浜
愛知県 230億円（20位）
静岡県 588億円（5位）
網代
豊浜
三谷
焼津
稲取
駿河湾
三河湾
伊勢湾
渥美半島
伊豆半島
遠州灘
黒潮
太平洋

金額は2012年度の海面漁業・養殖業の生産額
（「農林水産省／平成24年漁業・養殖業生産統計年報」より）
*：長野県のホームページ「園芸作物・水産物の情報」より
**：山梨県農政部花き農水産課ホームページ「山梨県の養殖漁業について」より
***：岐阜県農政部農政課水産振興室「岐阜県の水産業」（平成26年1月）

ガニ）、越前ウニ（バフンウニ）、若狭ガレイ（ヤナギムシガレイ）などが、地名を頭につけたよび名で数多く水揚げされています。

○太平洋側の静岡・愛知の漁業

静岡県は、太平洋につきでた伊豆半島、水深2500mに達する日本でもっとも深い湾である駿河湾、大陸棚とよばれるゆるやかな斜面の海底がひろがる遠州灘など、変化に富んだ

静岡県伊豆半島の稲取漁港で水揚げされたキンメダイ。

魚種別漁獲量 （「農林水産省／平成24年漁業・養殖業生産統計年報」より）

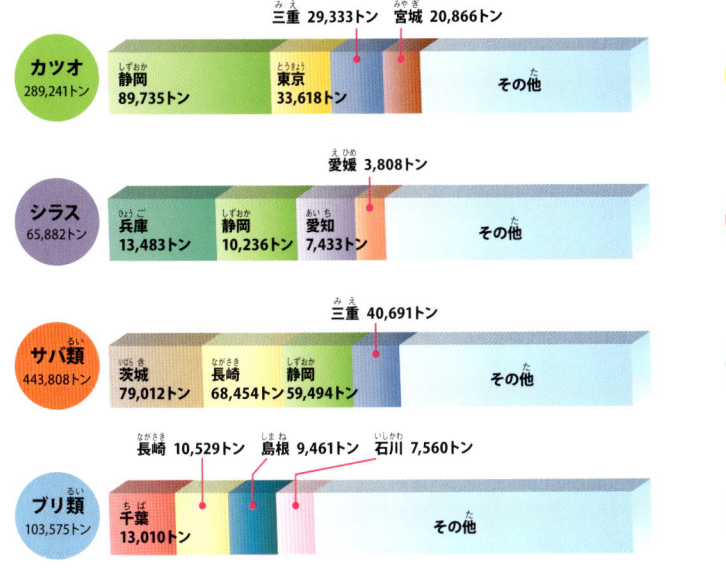

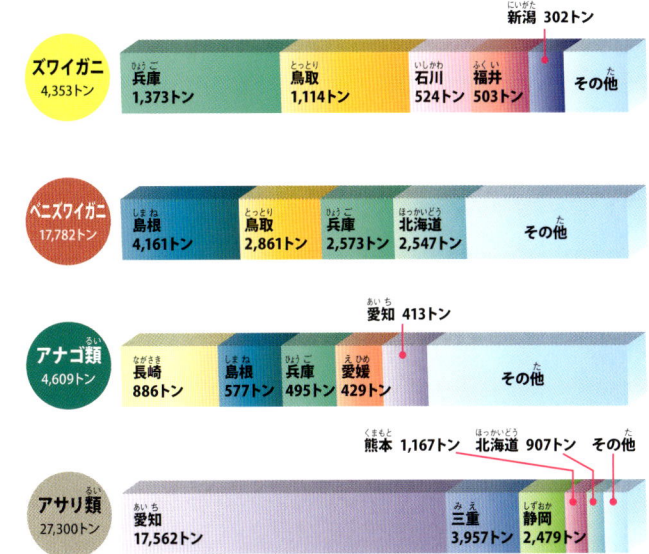

カツオ 289,241トン
- 静岡 89,735トン
- 東京 33,618トン
- 三重 29,333トン
- 宮城 20,866トン
- その他

シラス 65,882トン
- 兵庫 13,483トン
- 静岡 10,236トン
- 愛知 7,433トン
- 愛媛 3,808トン
- その他

サバ類 443,808トン
- 茨城 79,012トン
- 長崎 68,454トン
- 静岡 59,494トン
- 三重 40,691トン
- その他

ブリ類 103,575トン
- 千葉 13,010トン
- 長崎 10,529トン
- 島根 9,461トン
- 石川 7,560トン
- その他

ズワイガニ 4,353トン
- 兵庫 1,373トン
- 鳥取 1,114トン
- 石川 524トン
- 福井 503トン
- 新潟 302トン
- その他

ベニズワイガニ 17,782トン
- 島根 4,161トン
- 鳥取 2,861トン
- 兵庫 2,573トン
- 北海道 2,547トン
- その他

アナゴ類 4,609トン
- 長崎 886トン
- 島根 577トン
- 兵庫 495トン
- 愛媛 429トン
- 愛知 413トン
- その他

アサリ類 27,300トン
- 愛知 17,562トン
- 三重 3,957トン
- 静岡 2,479トン
- 熊本 1,167トン
- 北海道 907トン
- その他

海にかこまれています。これにあわせて、沿岸のシラスやサクラエビ、沖合のカツオ、イワシ、アジ、サバなど、さまざまな漁がおこなわれています。

静岡県の焼津は、カツオやマグロの遠洋漁業の基地としても全国のトップクラスです。

いっぽう愛知県は遠洋漁業の船はなく、渥美半島の太平洋側では船びき網漁や刺網漁などの沿岸漁業がおこなわれています。渥美半島の内側の三河湾・伊勢湾では、木曽川や豊川など栄養分豊かな河川が流れこみ、アサリ、ガザミ、イカナゴなどがたくさんとれる海となっています。木曽川の河口付近の弥富市を中心とした低地では、観賞用のニシキゴイやキンギョの養殖もおこなわれて、奈良県についで全国2位の生産量をあげています。

○海に面していない3県の漁業

中部地方には、海に面していない内陸の県が3つあります。山梨県、長野県、岐阜県です。いずれも、河川や湖、養殖池での漁業に限られています。

岐阜県では、アユやアマゴ、ヤマメなどの漁獲量が353トンほど。漁業の中心は長良川、木曽川、揖斐川の3つの河川で、県内の漁獲量の90％をしめています。

諏訪湖、青木湖、野尻湖、千曲川など 湖や川にめぐまれた長野県は、サケ・マス類、ワカサギ、アユ、フナなどの漁業や養殖で、平成24（2012）年には133トンほどの生産量がありました。諏訪湖では、四角い網を湖中にしずめておき、魚が入ったらいっきにもちあげる四つ手網漁がおこなわれています。

海藻のテングサを原料にして作る寒天の生産も、長野県の水産業をささえています。

山梨県は、富士山麓や南アルプスのふもとのわき水を利用したニジマス、イワナ、ヤマメ、アユ、コイなどの養殖ほか、笛吹市石和町では観賞用のニシキゴイの養殖もさかんです。平成24（2012）年には1,246トンもの生産量をあげています。

諏訪湖の四つ手網漁のしかけ。

解説 中部の魚を知ろう

坂本一男
（おさかな普及センター資料館　館長）

1. 日本のアサリがへったわけ

　アサリは日本の代表的な二枚貝のひとつで、おもに内湾の干潟にすんでいます。日本全国に分布していますが、おもな漁場は伊勢湾や三河湾をはじめ北海道の厚岸湖、東京湾、浜名湖、瀬戸内海、有明海などです。

　日本のアサリの漁獲量は1960年には10万トンほどでした。その後、開発のため各地で干潟が埋め立てられ、東京湾や伊勢湾、三河湾、瀬戸内海でたくさんのアサリ漁場が失われました。このように漁場がへったにもかかわらず、1983年には16万トンまでふえました。これは全国的にアサリの漁業者がふえたためと考えられています。ところが、1984年からへりつづけ、2012年は約3万トンになりました。そのため、最近では中国や韓国からたくさん輸入されています。

　ここ30年間に漁獲がへった原因はとりすぎと考えられていますが、本当の原因は埋め立てと環境の悪化です。たとえば、東京湾では、夏に海水の下層の酸素が少なくなることがあります。河川などから入りこんだ下層に沈んでいるさまざまな物質を分解するために、微生物が酸素をたくさん使うからです。このときに岸側から風がふくと、上層の水が沖側へはこばれて、下層の酸素の少ない水が岸側でわきあがります。このような酸素の少ない水が干潟をおおうと、移動できないアサリなどは死んでしまいます。このとき海面が白濁した青緑色になることから、東京湾では青潮、三河湾では苦潮とよびます。

　アサリをふやし、私たちが長く利用しつづけるためには、そのすみかである干潟を守るとともに、とりすぎない漁業のしくみをつくる必要があります。

2. シラス干しとチリメンジャコ

　シラス干しとチリメンジャコは同じように見えますが、どこかちがうのでしょうか。どちらもシラスを食塩水で煮て乾燥させた加工品です。関東では水分の多い柔らかいものが好まれ、関西では水分の少ない固めのものが好まれています。一般に、関東ではシラス干し、関西ではチリメンあるいはチリメンジャコとよばれます。もう1つ同じような加工品に、釜揚げシラスがあります。煮あげたシラスに風を送って冷ましただけのものです。水分が多い順に釜揚げシラス、シラス干し、チリメンジャコとなりますが、釜揚げシラスをのぞいてはっきりと区別されていないようです。いずれにしても、これらのシラス加工品は丸ごと食べることになるので、栄養的にはカルシウムをはじめ多くのミネラル分をとることができます。

　原料のシラスは、マイワシ、ウルメイワシ、カタクチイワシなどイワシ類の稚魚です。アユ、イカナ

アサリ　東京産 　　　三河産 　　　熊本産

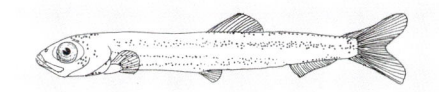

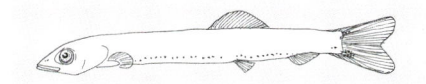

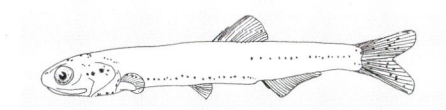

※図のシラスはすべて3cmほどの大きさのもの。

マイワシのシラス　　　ウルメイワシのシラス　　　カタクチイワシのシラス

ゴ、ウナギなどの稚魚も、イワシ類と同じように体が細長くて透明なのでシラスといいます。

シラスはパッチ網（本シリーズ『近畿の漁業』にあります）などの船びき網漁という方法でとります。おもな産地は兵庫県、静岡県、愛知県、愛媛県、大阪府などです。冬から春にとれるシラスはおもにマイワシとウルメイワシ、春から秋のシラスはカタクチイワシです。これら3種のシラスはたがいによく似ていますが、頭の形や口の大きさ、腹びれの位置などを注意深く見ると区別できます。

3. ホタルイカはなぜ光る

ホタルイカは光ることで有名ですが、なぜ光るのでしょうか。ホタルイカは第4番目の腕と皮ふと眼に発光器をもっています。これら3種類の発光器はそれぞれ働きがちがいます。

富山県滑川では、観光客はホタルイカ定置網の網あげを見ることができます。そのときの網のなかの青白い強い光は、おもに左右の第4番目の腕の先に3個ずつある発光器によるものです。この発光は敵の眼をくらませるためです。危険を感じたときや敵にねらわれたときなどに強い光を出します。

胴の腹側には約500個の皮ふ発光器があります。この発光器は、自分の影によって目立つことを防ぐ、つまり自分をかくす働きをしています。ホタルイカは夜間、海面近くに移動しますが、昼間は水深200mよりも深いところにいます。このようなところでも光はとどくので、さらに深いところにいる敵から見あげられると、ホタルイカの影はくっきりと浮かびあがります。そこで、自分が上から受けている光と同じ強さの光を、体の腹側の発光器から下側にむけて出して、自分の影を消しているのです。光が少ない時には少しだけ光を出し、暗い夜にはすっかり消してしまいます。このため、頭には光の強さをはかるところがあります。発光により自分の影を消して身を守る方法は、ハダカイワシ類や海の中層にすむエビ類などもおこなっています。

眼の腹側の縁に5個ある発光器の働きについてはよくわかっていません。皮ふ発光器と同じように眼の影を消すためか、仲間をしるためと考えられています。

参考資料：
沖山宗雄（1979）「稚魚分類学入門　3　イワシ型変態と近似現象」海洋と生物,1(3)：61-66
奥谷喬司（2009）「イカはしゃべるし、空も飛ぶ　面白いイカ学入門」講談社
奥谷喬司・藤井建夫（2011）「イカ学 Q&A50」全国いか加工業協同組合
落合　明・田中　克（1986）「新版　魚類学（下）改訂版」恒星社厚生閣
水産総合研究センター編（2006）「水産大百科」朝倉書店
水産総合研究センター（2014）「アサリ 知る、調べる、守る、増やす」FRANEWS
高橋素子（2003）「Q&A 食べる魚の全疑問　魚屋さんもビックリその正体」講談社
福田　裕・山澤正勝・岡崎恵美子監（2005）「全国水産加工品総覧」光琳
松川康夫・張　成年・片山知史・神尾光一郎（2008）「我が国のアサリ漁獲量激減の要因について」日水誌,74(2):137-143
（写真：おさかな普及センター資料館 日本おさかなマイスター協会、滑川市役所）

シラス干し　　　チリメンジャコ　　　ホタルイカ

坂本一男（さかもと かずお）

1951年、山口県生まれ。おさかな普及センター資料館館長。北海道大学大学院水産学研究科博士課程単位修了。水産学博士。東京大学総合研究博物館研究事業協力者も務める。主な著書・共著に『旬の魚図鑑』（主婦の友社）、『日本の魚—系図が明かす進化の謎』（中央公論新社）、監修に『調べよう 日本の水産業（全五巻）』（岩崎書店）、『すし手帳』（東京書籍）などがある。

□取材協力　　小倉食品株式会社　　　　　　　静岡県経済産業部水産局水産振興課
　　　　　　　ダイトー水産株式会社　　　　　滑川漁業協同組合
　　　　　　　滑川市役所産業民生部商工水産課　日光水産株式会社
　　　　　　　氷見漁業協同組合　　　　　　　みうら漁業協同組合金田湾支所
　　　　　　　静岡県桜えび漁業組合　　　　　由比港漁業協同組合
　　　　　　　今井 翼　　今井敏之　　今井泰彦　齋藤啓治郎
　　　　　　　下地弘次　　萩原金吉　　廣瀬達之　望月俊成
　　　　　　　望月宥佑　　藪田晃彰

□写真協力　　静岡県焼津漁港管理事務所
　　　　　　　静岡県水産技術研究所
　　　　　　　水産総合研究センター
　　　　　　　日光水産株式会社
　　　　　　　滑川市役所
　　　　　　　氷見漁業協同組合
　　　　　　　藪田洋平

□イラスト　　ネム

□デザイン　　イシクラ事務所
　　　　　　　（石倉昌樹・大橋龍生・山田真由美・佐藤宏美）

漁業国日本を知ろう　中部の漁業

2015年2月25日　第1刷発行
2018年3月10日　第2刷発行

監修／坂本一男
文・写真／渡辺一夫

発行者　中村宏平
発行所　株式会社ほるぷ出版
〒101-0051　東京都千代田区神田神保町3-2-6
電話　03-6261-6691
http://www.holp-pub.co.jp

印刷　共同印刷株式会社
製本　株式会社ハッコー製本

NDC660　210×270ミリ　48P
ISBN978-4-593-58700-1　Printed in Japan

落丁・乱丁本は、購入書店名を明記の上、小社営業部までお送りください。
送料小社負担にて、お取り替えいたします。

漁業国🗾日本を知ろう
全9巻
監修／坂本一男

北海道の漁業
文・写真／渡辺一夫

東北の漁業
文・写真／吉田忠正

関東の漁業
文・写真／吉田忠正

中部の漁業
文・写真／渡辺一夫

近畿の漁業
文・写真／渡辺一夫

中国の漁業
文・写真／吉田忠正

四国の漁業
文・写真／渡辺一夫

九州・沖縄の漁業
文・写真／吉田忠正

資料編
文・写真／吉田忠正・渡辺一夫